AF359072

PROPOS ET IDÉES

PÈRE GUILLAUME

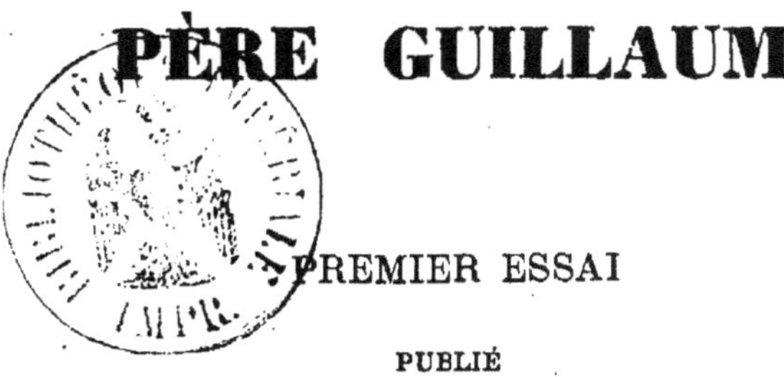

PREMIER ESSAI

PUBLIÉ

PAR LE COMICE AGRICOLE DE MOUTIERS

———

MOUTIERS

IMPRIMERIE DE CHARLES DUCREY

1863.

A M. DIEU, PRÉFET DE LA SAVOIE.

Malgré son insuffisance à tous les points de vue, ce premier essai de publication agricole peut avoir quelque utilité dans nos campagnes. La généreuse protection, dont vous avez couvert ses efforts, fait espérer au Comice de Moûtiers que vous voudrez bien accepter cette humble Dédicace.

Moutiers, 1er mars 1863.

Quelques erreurs ont pu se glisser dans les calculs et les assertions de ce petit Essai. Le Comice prie instamment ceux qui trouveraient des rectifications à faire, de les lui adresser; les observations, venues des différents points du pays, permettront ainsi une discussion approfondie de nos intérêts agricoles; et il est superflu de démontrer combien la richesse générale peut y gagner. Le résultat de ces observations paraîtra, ou dans une nouvelle publication du même genre, ou, si cela est possible, dans un journal exclusivement consacré à l'agriculture de la Tarentaise.

LES PROPOS ET IDÉES

DU

PÈRE GUILLAUME.

PIERRE, *regardant une vache que* JEAN *ramène du concours, et riant.*

Comme ça, ils n'ont pas voulu la primer?

JEAN, *de mauvaise humeur.*

Ah bien oui : la primer ! J'en suis pour mon voyage et mes frais.

PIERRE.

T'a-t-on rendu tes trois francs?

JEAN.

Ne m'embête pas : mais plus souvent qu'ils m'y rattraperont.

PIERRE.

Que diable aussi vas-tu te fourrer dans une compagnie, où on ne sait pas si ceux qui la dirigent savent seulement distinguer le froment de l'avoine et un bœuf d'une génisse ! Des messieurs, qui peuvent savoir le latin, je ne dis pas : mais quand je les vois qui veulent nous enseigner à travailler nos champs, vois-tu, ça m'enrage, et pour un sou je leur lâcherais mon chien après. Pourquoi t'y laisses-tu pincer !

JEAN.

Que veux-tu : on me disait que ma vache était la plus belle de la commune. Et puis ils m'ont encouragé, disant que j'avais de beaux champs, que ce serait de l'honneur pour la commune, qu'il fallait faire ma déclaration. Enfin voilà : un beau jour, il en vient trois dans la commune, qui se sont promenés, sont entrés chez Jacques, chez Martin et deux ou trois autres : ils ont tourné, voyagé, regardé en l'air, par terre, bavardé, écrivassé. Moi, je les voyais faire, et je disais : faut voir s'ils ne viendront pas me parler : ah bien oui, bernicle, ils sont partis et rien pour votre serviteur. Et puis le jour du concours, voilà mon Martin qui a une prime pour deux ou trois mauvais trèfles qu'il a faits, Thomas parce qu'on a prétendu qu'il tirait meilleur parti que les autres de son fumier... Jacques, parce que...

PIERRE, *riant.*

Comment ? ce gros benêt de Thomas a une prime ?

JEAN.

Oui donc, et bien d'autres : et moi rien, pas un rouge liard. Gredins, va !

Le PÈRE GUILLAUME, *arrivant.*

Tiens, tiens, Jean qui pleure et Pierre qui rit. Bonjour donc vous autres.

PIERRE.

Et salut, M. Guillaume, vous venez donc vous promener par ici. Comment va la santé, et qu'y a-t-il de nouveau chez vous ?

Le Père Guillaume.

La santé va bien, quand on ne l'use pas à tort : quant au nouveau, maître Pierre, il est toujours assez beau pour celui qui connaît sa route et la suit. Vous n'avez donc pas été au Concours, Pierre, que je ne vous y ai pas vu ?

Pierre.

C'est à Jean qu'il faut demander s'il en revient et s'il est content.

Jean.

Content oui : de n'y être plus.

Le Père Guillaume.

Tu parles ainsi parce que tu n'as pas eu de primes.

Jean.

Et bien non : ce n'est pas pour ça : des primes qu'est-ce que ça me fait : trente ou quarante francs : on n'attend pas après ça pour vivre, Dieu merci.

Le Père Guillaume.

A la bonne heure, Jean : tu n'es pas de ces égoïstes, qui ne sont contents que quand il y a gelé chez leurs voisins. Mais alors qu'as-tu donc contre le Concours?

Jean.

J'ai que le Concours et les Comices, ça va tout à la diable.

Le Père Guillaume.

A la diable !

Jean.

A la diable, oui : pour les bêtes, on prime celles qu'on veut, les gens aussi : et voyez-vous, père Guillaume, de ce pas, je vais donner ma démission.

Le Père Guillaume.

Vas-y, mon brave Jean, et cours vite si tu veux être le premier ; je connais d'autres imbéciles qui sont déjà en route.

Jean.

Vous voulez rire.

Le Père Guillaume.

Oh je ne ris pas : il y avait 300 bêtes au Concours : on n'a pu donner que 50 ou 60 primes, voilà donc 250 mécontents. Sans compter que les experts sont des hommes et que les hommes ne sont pas des anges.

Jean.

Allons donc, Pierre, soutiens-moi un peu.

Pierre.

Passe pour les bêtes : mais dites-moi, M. Guillaume, pourquoi on n'a pas primé Jean pour ses champs, qui sont les plus beaux de la commune, tandis qu'on en a donné à Martin, à Thomas et à d'autres.

Le Père Guillaume.

D'abord avait-il fait sa déclaration ?

Jean.

Quelle déclaration ?

Le Père Guillaume.

Parbleu, la déclaration que tu demandais à ce qu'on vînt visiter tes champs. Les experts qui ne sont pas de la commune, peuvent-ils deviner que tu as des champs, qu'ils sont beaux, et où ils sont ?

Jean.

Je n'ai pas pensé, moi.

Le Père Guillaume.

Et les affiches pourquoi sont-elles faites, sinon pour vous apprendre ce que vous avez à faire? Pourquoi ne les lisez-vous pas? Trouverez vous quelque chose de plus intéressant que cela, qui concerne vos intérêts les plus évidents? Ah, si de mon jeune temps, on avait eu une association aussi utile et un Gouvernement aussi dévoué à la protection et au progrès de l'agriculture !!!

Pierre.

Ah bah! de la belle besogne qu'il peut faire votre Comice : ah! s'il avait à la tête des hommes capables, des cultivateurs, quoi... mais des messieurs qui veulent vous apprendre... ah! c'est drôle, voyez-vous.

Le Père Guillaume.

Voulez-vous être président du Comice, maître Pierre ?

Pierre.

Merci : j'ai d'autres chiens à fouetter.

Le Père Guillaume.

Secrétaire, alors ?

Pierre.

Nenni, votre serviteur : ce n'est pas là mon affaire.

Le Père Guillaume.

Et qui donc ?

Pierre, *embarrassé.*

Sais-je moi : je ne connais pas tout le monde : et tenez, pourquoi pas vous, par exemple.

Le Père Guillaume.

Moi, d'abord je n'habite pas à Moûtiers, et comme dans toutes les autres affaires, il faut bien que le Comice ait ses chefs à Moûtiers. Puis tel qui mène bien sa brouette conduirait mal une grande voiture. Et ce que je dis de moi, la plupart de nos cultivateurs pourraient bien le dire aussi. — Vous voyez donc bien qu'il faut prendre où l'on trouve.

PIERRE.

Tout ça n'empêche pas qu'ils ne connaissent pas notre métier.

Le PERE GUILLAUME.

Ils n'ont pas la prétention de vous l'enseigner, mais bien de vous le faire apprendre par vous-mêmes. Si vous, Pierre, qui êtes assez bon vigneron, étiez souscripteur et si vous demandiez à concourir pour la vigne, le Comice enverrait des experts bons vignerons eux-mêmes, qui, ayant visité les vignes de tout ce pays, déclareraient que la vôtre est la mieux travaillée. La prime que vous recevriez pour cela ne serait-elle pas une leçon pour les autres, qui viendraient prendre modèle sur vous? Et ainsi pour ceux qui seraient primés pour leurs prés, pour leurs champs : vous voyez bien que dans cette excellente association, et, par cet enseignement mutuel, ce sont les cultivateurs eux-mêmes qui sont les professeurs.

JEAN.

Pierre, tiens bon, ou le père Guillaume nous enfonce avec sa rhétorique.

PIERRE.

Oh ! je n'ai pas fini : Si le Comice n'était que pour montrer et encourager le meilleur vigneron, le meilleur laboureur, ça serait tantôt fait et n'avancerait pas loin. Mais il y a bien d'autres affaires dans leur progrès : le bétail, les instruments, les cultures nouvelles, etc. Le bétail, d'abord,.... ni et ni, c'est fini, nous ne la dirons jamais avec ceux du Bourg : nous n'avons pas d'aussi bons fourrages. Quand à la culture, est-ce qu'on croit nous embarquer dans les machines, les charrues à

vapeur, nous faire semer des graines, des plantes qui ne
sont pas bonnes pour notre pays. Est-ce qu'on nous croit
assez bêtes pour aller faire des expériences, pour laisser
notre bon blé et semer des cannes à sucre, pour lâcher
ce que nous tenons et prendre ce qu'on nous promet.
Allons, allons, M. Guillaume, notre pays c'est notre
pays : ce que les anciens ont fait est bien fait : et vrai,
vous qui êtes un ancien et un brave homme, ça m'ennuie
de vous voir donner là dedans. — Ouf...

M. Guillaume.

Pauvre Pierre, comme ça l'a essoufflé de parler si bien.
Asseyons-nous et causons un moment : le chapitre est
long, mais quand le temps vous aura duré, vous me
planterez-là. Jean, dis moi un peu.

Jean.

Moi d'abord je suis avec Pierre, et j'attends de voir si
vous lui saurez répondre.

Le Père Guillaume.

Tu n'es pas pour le progrès : c'est très bien, mais
aimes-tu les pommes de terre ?

Jean, *ébahi.*

Tiens, si je les aime ! d'autant plus que c'est pas le
Comice qui les a inventées.

Le Père Guillaume.

Jean, tu es malin, mais tâche de garder ta malice pour
me répondre. Ecoute bien. Il y a 80 ans, la pomme de
terre n'était pas connue dans ce pays.

Jean.

Comment, 80 ans, la pomme de terre n'a pas toujours
existé ?

M. Guillaume.

Non : et je tiens de mon père ce qui arriva lorsque le curé de chez nous apporta les premières et voulut les faire planter à ses voisins. *Oh, disaient les voisins en se moquant du curé, c'est du nouveau, ça : on n'a jamais semé ça chez nous : les vieux s'en sont bien passés : ça c'est bon pour la plaine, pour les grosses terres : puis ça doit manger du fumier, ça . oh ! nous n'allons pas sacrifier notre blé pour y mettre ça. Semez ça dans votre jardin, M. le curé, ça vous rapportera gros à vous.* — Et ils s'en allaient en riant. Le pauvre curé sema dans son jardin, en mangea et en fit manger : on le trouva bien bon, mais les malins comme vous Pierre, comme toi Jean, disaient encore : *ça c'est bon pour les jardins, pas pour les champs.* Le curé, qui en avait récolté un bichet ou deux dans son jardin. en sema dans un champ, d'abord peu, puis davantage. Un voisin vint enfin lui en demander une ou deux en cachette, de peur qu'on se moquât de lui, puis un autre vint aussi, puis deux, puis dix : et aujourd'hui..... Que dis-tu de mon histoire, Jean ?

Jean, *triomphant.*

Je dis qu'il n'y a pas besoin du Comice pour faire réussir les bonnes choses : vous voyez bien que les pommes de terre ont fait leur chemin sans vous.

M. Guillaume.

Ça aurait dû t'apprendre avant tout que le nouveau est quelquefois bon à essayer, et qu'il ne faut pas toujours dire : les anciens n'ont pas fait ça. — Quant au Comice, si ces associations avaient existé de ce temps-là, la culture de la pomme de terre se serait répandue 20 ans plus tôt, et bien des hommes qui sont morts pendant ces 20 ans auraient eu le temps de s'en régaler et d'augmenter plus tôt leur fortune.

Pierre.

Va, que la pomme de terre vous donne raison : mais et le reste : vous n'avez pas répondu à tout.

M. GUILLAUME.

Patience : voyons votre grosse affaire du bétail : vous dites, Pierre, que vous ne pourrez jamais lutter avec ceux du Bourg ?

PIERRE.

Pour sûr, que je dis : l'herbe, voyez-vous, c'est là l'affaire : ceux du Bourg ont du foin numéro un .. et puis des montagnes que nous n'avons pas : nous ne pouvons pas la dire... la...

M. GUILLAUME.

Si vos montagnes ne valent pas les leurs, pourquoi donc viennent-ils en louer jusques chez vous ? — Vous parlez de leur foin, parce que c'est commode, et une bonne excuse... de paresseux.

JEAN.

De paresseux ! par exemple : moi qui suis toujours levé à 4 heures.

M. GUILLAUME.

Ce n'est pas le tout de se lever matin, il faut savoir compter et employer son temps. Voyons donc un peu, pour revenir à nos bêtes, s'il n'y aurait pas d'autres raisons que le foin pour expliquer votre affaire. Faites vous des sacrifices pour avoir de la belle race ?

PIERRE.

Les uns, oui, les autres non.

M. GUILLAUME.

Bon : donc on ne le fait pas généralement : et puis celui, qui a payé une génisse 200 francs, croit avoir fait miracle, tandis que ailleurs on va à 300 francs. — Autre chose : y a-t-il un taureau communal ici ?

PIERRE.

Vous savez bien que non : on a essayé une année : et puis ça a fait des difficultés : on a renoncé....

M. GUILLAUME.

Oui, parce que le fermier du taureau, pour se dédommager de ses sacrifices, voulait demander un franc par monte, on a jeté les hauts cris. Ça coûtait huit sous de plus que les mauvais taureaux du voisinage, et nos malins de par ici ne sont pas si bêtes que de dépenser 8 sous pour gagner 10 francs.

JEAN.

Comment, 10 francs ?

M. GUILLAUME.

Et oui : le veau de bonne race, au lieu d'être vendu à huit jours 10 ou 15 francs, le sera 20 ou 25 pour peu qu'il soit à élever... Voyez ce qui se passe à Aime et au Bourg.

PIERRE.

Ça, c'est vrai, je connais là des particuliers qui ont vendu 25, 30 et même 35 francs des veaux tout mouillés.

M. GUILLAUME.

Autre chose encore : comment tenez-vous votre bétail à l'écurie ? Enlevez-vous le fumier au moins deux fois par semaine ?

PIERRE.

Ça, ce n'est pas l'habitude chez nous ; et puis nous n'aurions pas de place pour le mettre dehors : et puis la perte de temps : et puis, en tenant le fumier à l'écurie, on en fait bien davantage.

JEAN.

Et du meilleur.

M. Guillaume.

Quant à l'habitude, je n'ai rien à dire, surtout pour l'habitude d'être sales et de gagner le moins qu'on peut.— La place pour mettre le fumier, je n'en dirai rien non plus, à vous Pierre, qui avez à côté de votre écurie un tas de décombres qui tiennent la place de trois fumiers ; ni à toi Jean, qui as aussi devant chez toi un demi bichet de terrain, où poussent les orties pour tes poules et une dizaine de mauvais pruniers pour rendre malades tes enfants à la fin de l'été. — Quant au temps, ce serait grand dommage que de le perdre à cette utile opération, lorsqu'on en trouve de reste pour aller dépenser sa journée à la ville, pour y vendre une charge de bois de 24 sous.

— Enfin, quant à la quantité et la qualité du fumier, seule question sérieuse, je vous dirai que, n'ayant guères essayé autrement que vous faites, vous n'en pourriez pas parler. A supposer, *ce que je nie*, que vous fissiez encore pour 10, 15 ou 20 francs de fumier en plus, vous seriez, ici comme ailleurs, de bien mauvais spéculateurs, qui préfèrent gagner 20 francs que d'en gagner 50, 100 et même plus.

Jean.

Allons donc : à vous entendre, on ne serait que des crétins.

M. Guillaume.

Calculons : tu as six vaches, Jean : n'est-il pas vrai que, dans une écurie d'Aime ou du Bourg, ces six vaches vaudraient en moyenne 200 francs, tandis que les tiennent n'en valent pas 150 ? La différence à ton préjudice n'est-elle pas de 300 francs ?

Pierre.

Oui, mais qui est-ce qui nous dit que, en enlevant le fumier, nos vaches vaudraient chacune 50 francs de plus ?

M. Guillaume.

Elles ne vaudraient que 10 francs de plus par vache, que cela donnerait pour les six 60 francs : cela vaut déjà un peu mieux que vos prétendus 15 ou 20 fr. de fumier. Mais allez demander à ceux du Bourg si, pour quelques charges de fumier, ils consentiraient à faire comme vous. Ah ! que non : ils savent bien qu'en tenant le fumier sous les vaches, ou même en l'amassant derrière elles, il est bien difficile de les tenir propres, et que la propreté est la première condition de la santé. Ils savent que les fumiers dans les écuries y entretiennent un air mauvais, corrompu par la fermentation et les exhalaisons. Mais vous-mêmes par ici ne le savez-vous pas, quand par exemple vous avez bien soin de ne pas toucher au fumier et de ne pas le remuer lorsqu'une vache vient de mettre bas ? N'avez-vous jamais remarqué que les objets de métal se couvrent, quand on remue le fumier, d'une couche sale et brune qui les ternit ? Et vous croyez que tout cela à la longue ne nuirait pas aux bêtes et aux gens ?

Pierre.

Ah bien, je vous attrappe là : pourquoi les Flamands, qui sont des passé-maîtres en agriculture, ainsi que j'ai vu dans un de vos livres, pourquoi les Flamands ne sortent-ils jamais le fumier de leurs étables que pour le porter aux champs ? Hein !

M. Guillaume.

Oh ! oh ! les livres ne sont pas toujours l'Evangile : et de ce que les Flamands font bien sur beaucoup de points, il ne serait pas prouvé qu'ils ne puissent encore faire mieux. Mais il y a bien des raisons qui prouvent que vous ne pouvez pas les imiter :

1° Leurs écuries ont toujours au moins 3 mètres de hauteur, 4 mètres et demi de largeur pour un seul rang de vaches, et de 1 mètre et demi à 2 mètres de longueur pour chaque bête : une écurie de 8 bêtes, comme vous les avez, Pierre, aurait donc chez eux au moins 163 mètres cubes d'air, soit pour chaque bête plus de 20 mètres cubes d'air : Voyons maintenant chez vous : justement, Pierre, vous avez fait réparer votre écurie à neuf, vous en rappelez-vous les dimensions ?

PIERRE.

Tenez, je les ai là sur mon carnet : 2 mètres 20 de hauteur, 3 mètres 20 de largeur et 10 mètres de longueur.

M. GUILLAUME, *après avoir calculé.*

Cela vous donne 70 mètres cubes d'air, soit un peu moins de 10 mètres par bête. Comprenez-vous la différence ? Comprenez-vous que là où les vaches flamandes vivent et respirent à l'aise dans une grande masse d'air facilement renouvelée, les vôtres souffrent ? Et encore chez vous, Pierre, il faudrait déduire de mon calcul l'espace pris par les arcs soit les à-côtés des voûtes ; il faudrait déduire encore l'espace que le fumier prend à mesure qu'il s'entasse.

2° Les Flamands, comme presque tous les cultivateurs de grandes plaines, possèdent une grande quantité de litière : non pas de la litière courte et maigre, ou même des feuilles comme chez nous, mais grande et bonne litière, bien fournie, qui tient leurs bêtes au sec et, comme une éponge, boit l'humidité.

3° Enfin les Flamands ont pour leurs bêtes des soins de propreté excessifs, les étrillent, les épongent, les lavent tous les jours, et tiennent leurs écuries assurément plus propres que ne sont vos chambres à coucher.

JEAN.

Ça, c'est un peu fort.

M. GUILLAUME.

C'est fort, mais c'est vrai, et surtout grandement utile. Et bien qu'en dites-vous ? si vous voulez imiter les Flamands, imitez-les au moins en tout.

PIERRE.

Oh ! après ça : ceux du Bourg et d'Aime ne sont pas puis toujours si propres chez eux.

M. GUILLAUME.

Accordé : ils sont bien loin encore de la perfection, sur ce point et sur beaucoup d'autres : mais en attendant, pour l'entretien du bétail, ils sont encore à votre tête. Ainsi tenez : là, on ne manquerait pas d'étriller les bêtes tous les jours : le faites-vous ? étrillez-vous les vôtres ?

PIERRE.

Peuh ! quand on a le temps : quelquefois.

M. GUILLAUME,

Belle réponse : je présume que vous vous lavez aussi, quand vous avez le temps, vous Pierre, pour Noël et pour Pâques, n'est-ce pas ?

PIERRE.

Oh mais ! les bêtes et les gens, c'est différent.

M. GUILLAUME.

Oui, c'est différent, les bêtes exigent encore plus de propreté que les gens : leur peau velue retient plus aisément les petites saletés ou impuretés que notre peau lisse et unie. Et pour les en débarasser, pour leur maintenir la santé et la vigueur, un bon cultivateur doit toujours trouver du temps ; sans compter que, dans une maison bien ordonnée, il y a temps pour tout, que c'est chose bientôt faite, et qu'en fait de temps comme en fait d'argent, il ne faut pas économiser les petits sous pour prodiguer les napoléons.

Jusqu'ici, nous avons déjà trouvé bien des raisons pour expliquer votre infériorité en fait de bétail, et nous n'avons pas encore trouvé la qualité du fourrage.

Pierre.

Ah ! c'est là que je vous attendais.

M, Guillaume.

Soyez tranquille, je n'oublierai rien. Vous croyez sans doute, Pierre, que ceux du Bourg qui, selon vous, ont du meilleur foin, profitent de cela pour en donner moins que vous et servir à leurs bêtes une plus petite ration ?

Pierre.

Oh ça non : diable, ils en ont aussi bien davantage.

M. Guillaume.

Alors, ils les nourrissent mieux ? Voyons, expliquez-vous : est-ce mieux ou plus mal ?

Pierre, *embarrassé.*

Enfin ce n'est pas notre faute s'ils ont plus de prés que nous.

M. Guillaume.

Oui, c'est votre faute, et nous parlerons de ça tout-à-l'heure. Mais je tiens à vous faire avouer que les bêtes sont par là-haut plus copieusement nourries que chez vous, et que, quand vous allez me chercher midi à quatorze heures avec votre question de qualité de foin, c'est que vous vous bouchez les yeux et ne voulez pas voir le soleil en plein midi.

Oui, voilà la plus forte raison de la supériorité du bétail du Bourg : c'est que là on le soigne, on le nourrit comme il faut, on lui donne du sel, quelquefois des grains, des bouillies, tout ce qu'il faut enfin.

Jean.

Pardi, quand on est riche.

M. Guillaume.

Laisse-moi donc finir : tout ce qu'il faut pour ce qui est, en tout pays, la richesse, la première richesse du cultivateur. Et voilà pourquoi ils se font riches, pas tant qu'ils le pourraient, mais plus que vous.

Vous autres, quand vous avez de quoi hiverner six vaches à peu près, vous n'hésitez pas à en hiverner huit. Qu'arrive-t-il ? Tiens, Jean, il y a deux ans, par gloriole, tu as acheté à Aime une belle génisse qui t'a coûté gros. Pendant huit jours, on est venu l'admirer, et tu la soignais en te rengorgeant ; puis on est venu un peu moins et tu l'as soignée un peu moins : au bout d'un mois, elle n'était plus si belle : au bout de six mois, elle ne valait pas davantage que les autres : et si je ne me trompe, il a fallu la soulever par la queue comme les autres pour l'acheminer vers la montagne.

Pourquoi vous obstiner à tenir plus de bêtes que vous n'en pouvez nourrir convenablement. Et voulez-vous connaître une recette pour les entretenir comme il faut, pour qu'elles soient toujours les premières partout : recette bien simple : frottez-leur, le matin, les cornes avec le foin qui est resté dans leur ratelier de la veille. Je vous garantis la chose.

Pierre, *riant.*

Ah voilà : il faut qu'il y en reste.

M. Guillaume.

Puis, si vous voulez un calcul bien simple, refaites celui de tout à l'heure : vos huit vaches maigres, à 150 francs l'une dans l'autre, vous font une écurie de 1200 francs : six vaches bien nourries vaudront plus que cela. Vos huit vaches auront chacune deux pots ou quatre litres de lait maigre et aqueux ; soit 32 litres entre les huit : six vaches bien entretenues donneront l'une dans l'autre 5 pots soit 10 litres chacune, soit en tout 60 litres d'un bon lait, avec lequel vous trouverez plus facilement trois kilos de beurre, que vous n'en ferez un avec les 32 litres de vos huit vaches.

Voulez-vous compter les autres produits : les huit
veaux de vos mauvaises vaches vaudront, à 8 jours, je
suppose, 10 à 15 francs, soit pour les 8, de 80 à 120 francs :
six veaux de bonne race et de bonnes bêtes vaudront 20
ou 25 francs, ce qui pour les six, donnera de 120 à 150
francs. Les 8 vaches vous donneront à la montagne
chacune de 10 à 15 francs : les six de 20 à 25 francs :
c'est toujours le même bénéfice. Et les risques, et les
maladies, et bien d'autres choses encore.

JEAN.

Ah! par exemple, vous ne nierez pas que les huit ferait
plus de fumier que les six.

M. GUILLAUME.

Bravo, Jean : dis-moi, si nous avons chacun une
charge de vin : tu mets le tien en deux tonneaux, et moi
dans un seul : lequel de nous tirera le plus de vin ?

JEAN, *embarrassé.*

Vous faites puis des comparaisons qu'on ne sait pas
comment y répohdre.

PIERRE.

Ah! Jean est une bête.

JEAN.

Merci.

PIERRE.

Et oui : on sait bien que les bêtes ne peuvent rendre en
fumier que ce qu'on leur a donné, et que trois vaches,
qui auront à manger autant que quatre, donneront tout
autant de fumier. Mais, père Guillaume, il nous faudra
ainsi avoir du vide dans nos écuries : c'est pénible tout
de même, un qui avait 8 bêtes n'en avoir plus que 6 ou 7.

2

M. Guillaume.

Il n'aura de vide que pour une année ou deux, si vous voulez cultiver vos biens comme il faut.

Pierre

Ah bien oui, je vous vois venir, c'est en faisant des prés artificiels. Mais c'est vite dit ça : il faudrait encore que ça réussît chez nous.

Jean.

Tenez, tout bête que Pierre veut bien me faire, j'ai déjà essayé deux ou trois fois de semer du trèfle : il n'a bien réussi que dans un endroit où il y a de bonne terre.

Pierre.

Et moi aussi j'ai essayé : mais c'est fini, le trèfle ne réussit pas chez nous : il lève un peu, puis les autres herbes l'étouffent. Et puis encore, pour faire des prés artificiels, il faudrait détruire nos champs : et voyez-vous, pour un bon laboureur, c'est encore les champs qui le nourrissent et lui font de l'argent.

M. Guillaume.

Oh ! nous voilà à une bien grosse question : mais puisque nous y sommes, tâchons de l'examiner à fond. Nous parlerons tout-à-l'heure du trèfle, de ce qui fait qu'il réussit si rarement par ici, et des moyens de le remplacer là où il ne réussit pas du tout. Voyons d'abord les champs et la richesse qu'ils vous donnent. Pierre, n'est-ce pas 50 sous que vous avez vendu votre seigle au dernier marché ?

Pierre.

Mais oui : et encore il a fallu que j'eusse besoin pour le donner à ce prix.

M. Guillaume.

Et pouvez-vous me dire combien il vous coûtait à vous ?

PIERRE, *interdit*.

Comment ce qu'il me coûte : mais je ne l'ai pas acheté.

M. GUILLAUME.

Je suis à peu près sûr de vous prouver que vous l'avez acheté plus cher que vous ne l'avez vendu, et que le bichet de seigle que vous avez vendu 50 sous vous coûte à vous au moins 3 francs.

PIERRE et JEAN, *à la fois*.

Oh ! ça, c'est une bonne.

JEAN.

Vous êtes un hérétique, père Guillaume.

PIERRE.

Je veux bien vous donner pour rien mon champ de la Gran-Piaz, si vous nous prouvez ça.

M. GUILLAUME.

Et bien voyons : vos champs valent au moins 100 francs le bichet (¹). L'intérêt de 100 est de 5 francs, que je porte d'abord en dépense.

PIERRE.

Mais sauf deux ou trois bouts de champs, que j'ai achetés pour m'arrondir, tout mon bien me vient de mon père : je n'en paye pas l'intérêt.

M. GUILLAUME.

Ne pourriez-vous pas les louer, et en retirer un intérêt ?

(1) Le bichet de Moûtiers vaut 3 ares 24 ; le bichet ou la quartannée des autres cantons varie de 2 ares 51 à 3 ares 68. Le bichet de Moûtiers est donc une moyenne suffisante pour les calculs. — Le bichet (mesure de capacité) est de 15 litres 1/2.

Ne pourriez-vous pas les vendre, et placer leur prix en
créances, qui vous produiraient l'intérêt ordinaire du
5 pour cent.

    Comptons donc : Intérêt. 5 00

    Vous mettez sur chaque bichet 15 à 20 char-
ges de fumier pour deux ans, mettons 8 charges
par an, lesquelles ne sont pas trop comptées à 16
sous (1) rendues sur place : cela fait. 6 40

JEAN.

Mais quand on fait le fumier chez soi, on ne
dépense pas.

M. GUILLAUME.

Et, mon pauvre Jean, ne pourrais-tu pas le
vendre? Ne pourrais-tu pas le porter dans tes
vignes où il te profiterait davantage.

JEAN.

Mais.... mais : s'il fallait puis tout compter !

M. GUILLAUME.

Maintenant, le labour, les semailles, le hersage, tout cela vaut au moins 2 francs, n'est-il
pas vrai?

PIERRE.

Hum : oui, ça sera bien ça.

M. GUILLAUME.

Et bien 2 00
Enfin un bichet pour la semence. 2 50

Cela nous donne bien . . . . TOTAL.   15 90
par bichet ou 127 francs par journal de uit bichets.

(1) A Moûtiers, et en général partout où il y a des vignes la charge de fumier
vaut 20, 25 et même 30 sous.

Pour couper plus court, je ne porte pas les frais de moisson, de battage, de vannage, etc.; je suppose qu'ils sont payés par la paille. Voila donc ce que coûte votre récolte de l'année. Voyons ce qu'elle est : la moyenne en Tarentaise et dans ces communes-ci, est de 5 bichets par bichet (1). Est-ce vrai?

PIERRE

Oh ! j'ai eu souvent récolté bien davantage.

M. GUILLAUME.

Je le crois : mais vous aurez eu souvent moins; et rappelez-vous, une fois pour toutes, que mes calculs sont sur la moyenne, une année portant l'autre. Voila donc cinq bichets de seigle qui vous coûtent à vous 15 fr. 90, et que vous vendez 12 fr, 50 : chaque bichet vous coûte 3,20, et vous le vendez 2 fr. 50.

JEAN.

Miséricorde, père Guillaume, vos chiffres sont ensorcelés.

M. GUILLAUME.

Je n'ai pas fini : en comptant ainsi 3 fr. 40 de perte nette par an et par bichet, ou 27 fr. 20 par journal, je n'ai pas parlé de l'impôt, de l'intérêt des dépenses, de votre journée au marché Et enfin beaucoup de vos champs coûtent plus de 100 francs le bichet, ce qui augmente la dépense sans guères augmenter la récolte.

PIERRE.

Mais las, las ! à ce compte il ne nous reste qu'à vendre nos champs.

(1) Soit 77 litres 50, ce qui donne 24 hectolitres par hectare, moyenne bien supérieure à celle de la majeure partie des autres départements français.

M. Guillaume.

Il y aurait d'abord une difficulté, c'est que, si toùs voulaient vendre, personn· n'achèterait. Mais il y a mieux à faire, et je vais vous l'expliquer. Mais auparavant, encore une réflexion : je n'ai compté que pour vos champs d'en bas : pour ceux de· hameaux, et pour beaucoup d'autres communes, on laisse, de trois ans l'un, le champ en *jachère*, ou comme vous dites vous autres, en *sommard*. Alors c'est encore un autre compte ; l'année de la jachère ne rapporte rien, et coûte en intérêt, fumier et labours, tout autant que les autres.

Pierre.

Mais dans ces endroits là on ne peut pas faire autrement.

M. Guillaume.

Pourquoi faites-vous une jachère ? est-ce pour laisser reposer la terre ? mon moyen la laisse reposer d'une chose en lui en faisant produire une autre : est-ce parce que vous n'auriez, sans cela, pas assez de fumier ? je vous apprendrai à en avoir toujours davantage : est-ce pour détruire les mauvaises herbes ? vous verrez que, avec d'autres récoltes, on les détruit bien plus efficacement. Mon moyen, c'est *l'assolement*.

Pierre.

Ah ! expliquez-moi donc une fois ce que c'est que l'assolement.

M. Guillaume.

Assolement veut dire : division d'une propriété en cultures distinctes et successives, pour en tirer constamment le plus grand produit avec le moins de frais possibles. Ainsi j'ai 4 journaux de champ : je prends un journal que je cultive en pommes de terre, la 1re année : la 2me, j'y sème du trèfle dans une céréale : la 3me, j'y coupe mon trèfle dans toute sa vigueur, et je le retourne pour en obtenir, la 4ᵐᵉ année, une belle récolte de grains : voilà un assolement de 4 ans, dans lequel passeront successivement tous mes champs. Ainsi j'aurai toujours un journal de pommes de terre, un journal de trèfle semé dans du blé, un journal de trèfle seul, et un journal de blé seul.

PIERRE.

Oh! mais, pour quelqu'un qui n'a que 4 journaux, c'est beaucoup d'en mettre un tout en pommes de terre.

M. GUILLAUME.

Ce n'est qu'une supposition : car au lieu de le mettre tout en pommes de terre, vous pouvez en mettre une partie en betteraves, une partie en fèves, pois, carottes, suivant vos besoins et vos observations. L'essentiel est que la 1ʳᵉ année de l'assolement soit une culture sarclée, que les prés artificiels et les céréales ne viennent qu'ensuite.

JEAN.

Et pourquoi donc cela ?

M. GUILLAUME.

Parce que, vous pouvez mettre sur cette espèce de récolte autant de fumier que vous voudrez, et de manière qu'il y en ait pour les 4 ans. Si vous mettiez tout ce fumier sur l'année du blé, le blé serait exposé à verser ; et d'autre part, la quantité de graines non consommées que contient le fumier, venant à pousser parmi le blé, vous auriez, comme vous avez, beaucoup de peine à tenir votre champ propre. Les mêmes graines nuiraient au trèfle, qui, en poussant, trouverait la place prise : et ceci, soit dit en passant, explique pourquoi le trèfle réussit si rarement chez nous : c'est qu'on le sème sur un champ qui n'est pas nettoyé. Il faut donc nécessairement commencer par une *récolte sarclée*, par une récolte qui permette un nettoyage soigné et complet du terrain, en passant dans les lignes.

PIERRE.

Et bien, tout ça me semble assez juste.

M. Guillaume.

Voyons maintenant si, en cultivant ainsi, nous arrivons aux résultats que je vous ai promis. Suivez-moi bien, à mesure que je pose les chiffres sur mon carnet.

1ʳᵉ ANNÉE. — POMMES DE TERRE.

DÉPENSES.	CALCUL			
	par bichet		par journal	
— Intérêt du terrain.	5	»	40	»
— Fumier : 20 charges (1) à 0. 80 feraient bien 16 fr. : mais comme cette quantité doit servir pour tout l'assolement, et en particulier pour la 2ᵐᵉ année, nous n'en porterons pour cette année que les 3/4, et mettrons l'autre 1/4 à la dépense de la 2ᵐᵉ année. — Cela fait.	12	»	96	»
— Deux labours, dont le premier très-profond, et hersage *nécessaire* quand la plante est levée.	4	»	32	»
— Semailles : 3 journées de femme pour semer et recouvrir, à 1,40, nourriture comprise.	4	20	33	60
— Semence : Six bichets à 0,90 (2). . . .	5	40	43	20
— Binage et sarclage : 3 journées à 1,40. .	4	20	33	60
— Arrachage et transport : 2 journées de femme : 2 80. } 2 journées d'homme : 4,00. } . . .	6	80	54	40
Total de la dépense. . .	41	60	332	80

PRODUIT.

— 15 sacs ou 45 bichets (3) à 0,90.	40	50	324	»
— Herbe du sarclage et fanes des pommes de terre.	1	50	12	»
Total du produit. . .	42	00	336	00

(1) La charge pèse en moyenne 80 à 100 kilos, ce qui fait de 50 à 60,000 à l'hectare

(2) Le bichet, soit 15 litres 50, vaut en moyenne à Moûtiers 1 fr. ou 1 fr. 10.

(3) Soit 216 hectolitres par hectare. M. Lacoste porte cette moyenne à 250, et la Maison Rustique à 220.

Le bénéfice de cette année est mince, mais enfin c'est bénéfice : il est de 0 fr. 40 centimes par bichet, de 3 fr. 20 par journal. — Et il faut remarquer que nous avons porté pour cette année une forte dépense de fumier, qui servira encore, même après la 2me année : que nous ferions une certaine économie en plantant à la charrue, et une plus grande, en binant avec un instrument que l'on nomme la *houe à cheval*, et dont nous reparlerons.

PIERRE.

Mais chez nous, avec la quantité de fumier que vous mettez, 20 charges par bichet, les pommes de terre donneraient tout en herbe, et puis se gâteraient plus vite. Moi, j'aimerais mieux en mettre moins la première année et en remettre sur la 2me. A présent, vos 45 bichets de récolte, on ne les a pas toujours, depuis la maladie.

M. GUILLAUME.

Partout, où la maladie ne permet pas de compter sur une récolte de 45 bichets, et à plus forte raison, là où il serait *prouvé* que l'on ne peut pas mettre aux pommes de terre la quantité de fumier que j'ai indiquée, il faut s'y prendre autrement. On cultive alors des pommes de terre, en dehors de l'assolement, et seulement pour les besoins de la famille : et comme *culture sarclée* en tête de l'assolement, on les remplace par les betteraves, les carottes, les fèves, topinambours, etc. etc. : les betteraves surtout, excellent produit et bonne nourriture pour le bétail. Pour cela il y a double raison : la quantité de fumier que j'ai fixée, est à peu près nécessaire pour la durée de l'assolement : et d'autre part, je tiens absolument à ce que l'on ne porte pas de fumier frais sur la 2me année, c'est-à-dire sur la *sole* du blé et du trèfle, parce que il salit le terrain et jette les mauvaises herbes au milieu du trèfle. Mais je ne regarde pas encore comme bien prouvé qu'il y ait des endroits où le fumier ne convienne pas aux pommes de terre : peut-être faudrait-il labourer beaucoup plus profond. — Je n'ai du reste choisi la pomme de terre pour faire mon calcul que, parce que, cette culture étant plus connue, vous pouvez plus aisément vous rendre compte des chiffres : il vous sera facile de refaire ces calculs à votre loisir pour toute autre espèce de récoltes.

JEAN.

Mais tant de journées que vous comptez : du moment que je suis là avec ma famille, il faut bien employer son temps, et je ne vois pas pourquoi vous les portez en dépense. Passe pour la nourriture : passe encore si, on était près des villes et pouvoir louer sa journée un bon prix.

M. GUILLAUME.

Supposons qu'une culture, celle du blé, emploie six de tes journées par bichet, et qu'elle te donne, comme nous l'avons vu 3 fr. 40 de perte : comptons les journées à 1 franc, non compris la nourriture, cela devrait te faire 6 francs de journées. Mais comme tu as 3 fr. 40 de perte, il ne te reste que 2 fr. 60 pour tes 6 journées, ce qui les met chacune à moins de 9 sous. Trouves-tu bon de suer toute la journée pour 9 sous ?

JEAN.

Fichtre : il vaudrait mieux aller casser des pierres.

M. GUILLAUME.

Si au contraire, il y a bénéfice de 5 francs au moins, comme nous le verrons tout à l'heure pour d'autres cultures, cela fait 5 francs à ajouter aux 6 francs que nous aurons déjà portés en dépense pour tes 6 journées, soit 11 francs en tout. Chacune de tes journées t'aura ainsi rapporté 1 franc 85 centimes, en outre de ta nourriture déjà payée, puisqu'elle est aussi portée en compte. Tu vois donc bien que, pour savoir si tu dois travailler à ceci ou cela, pour savoir si ton travail doit te rapporter 9 sous ou 37 sous, il faut porter en compte toutes les journées. Comprends-tu cette fois ?

Jean.

Ma foi, je comprends qu'il est tout de même bien dur de compter des journées que l'on fait soi-même

M. Guillaume, *impatienté*.

Alors ne compte rien. Ouf ! — Mais revenons à notre compte et faisons celui de la 2ᵐᵉ année.

2ᵐᵉ ANNÉE. — BLÉ ET TRÈFLE.

DÉPENSES.	CALCUL			
	par bichet		par journal	
— Intérêt du terrain.	5	»	40	»
— Un 1/4 du fumier que nous avons mis la 1ʳᵉ année, et qui nous reste à porter en dépense.	4	»	32	»
— Labour, hersage et semailles	2	»	16	»
— Semence du blé : un 1/3 de bichet par bichet.	»	85	6	80
— Semence du trèfle : une forte livre par bichet ou 6 kilos par journal à 1,50 le k.	1	10	9	»
— Fauchage et fanage du trèfle.	»	50	4	»
Total de la dépense. . . .	13	45	107	80
PRODUIT.				
— Quatre bichets de blé à 2,50.	10		80	»
— Une petite coupe de trèfle, soit un un quintal (50 kilos) à.	4	25	34	»
Total du produit.	14	25	114	»

Vous voyez que cette année-ci, quoiqu'elle donne peu de blé et presque rien en trèfle, ne laisse pourtant pas de perte, et donne encore un léger bénéfice de 0,80 par bichet, soit 6 fr. 20 par journal.

Voyons la 3ᵐᵉ année :

Ici j'établis le compte par journal pour faciliter le calcul.

3me ANNÉE. — TRÈFLE SEUL,

DÉPENSES.	CALCUL			
	par journal		par bichet	
— Deux fauchaisons à 2 fr. 50 l'une. . . .	5	»	»	65
— 4 journées de femme pour faner à 1,40.	5	60	»	70
— Transport : 4 journées d'homme à 2,50 soit deux, de mulet à 5 francs.	10	»	1	25
— Intérêt du terraain.	40	»	5	»
Total de la dépense. . .	60	60	7	60
PRODUIT.				
— 4 quintaux au moins (1) par bichet, ou 32 par journal, à 4 fr. 25 les 50 kilos. . .	136	»	17	»
Le bénéfice est donc de. . . .	75	»	9	40

PIERRE.

Mais vous ne comptez que deux coupes : quand le trèfle réussit, n'en fait-on pas trois ?

M. GUILLAUME.

On peut en faire trois : mais il vaut mieux encore retourner le champ sur la 3me, et mettre ainsi en terre un excellent engrais pour le blé qui vient après. Il peut arriver d'ailleurs que, en attendant cette 3me coupe, qui est médiocre, vous ne soyez plus à temps de faire les semailles en automne.

(1) Soit 6200 kilos environ à l'hectare.

Voyons ensuite.

4ᵐᵉ ANNÉE, — BLÉ SEUL.

DÉPENSES.	CALCUL			
	par bichet		par journal	
— Intérêt du terrain.	5	»	40	»
— Labonr et semailles.	2	»	16	»
— Semence.	2	50	20	»
Totàl des dépenses. . . .	9	50	76	»

PRODUIT.

Vous devez obtenir au moins 7 bichets par bichet après le trèfle, soit, ...	17	50	140	»
Le bénéfice est donc de. . .	8	»	64	»

Maintenant récapitulons nos bénéfices :

1ʳᵉ année.	»	40	3	20
2ᵐᵉ année.	»	80	6	40
3ᵐᵉ année.	9	40	75	20
4ᵐᵉ année.	8	»	64	»
Total des bénéfices pour les 4 ans. . .	18	60	148	80

Cela donne en moyenne, par année, un bénéfice de 4 fr. 65 centimes par bichet, de 37 fr. 20 par journal. Et comme notre culture du blé nous donnait 3 fr. 40 de perte par année et par bichet. perte d'un côté et bénéfice de l'autre, font à votre préjudice une différence annuelle de 8 francs 05 centimes par bichet, de 64 francs 40 cent. par journal.

Maintenant que nous avons ces chiffres, nous allons en trouver d'autres, Jean, tu as 50 ans, et il y a 25 ans si je ne me trompe, que tu t'es marié, et que tu travailles ton bien. Tu as perdu chaque année 64 fr. 40 par journal, soit, comme tu as 5 journaux, 322 francs : il faut multiplier ce chiffre par 25, ce qui donne la légère somme de *huit mille et cinquante* francs, que tu as perdu, ou tout au moins manqué à gagner depuis que tu es père de famille.

JEAN, *effrayé et se levant.*

C'est le diable ou un sorcier.

PIERRE.

Père Guillaume, voyez-vous j'ai la tête un peu troublée : mais il y a une raison qui fait que tous vos chiffres ne me persuadent pas. Si ces calculs étaient justes, il y a longtemps que nous serions ruinés : Jean, moi et bien d'autres.

M. GUILLAUME.

Eh bien ! repassez d'abord mes calculs, et je vous répondrai après.

PIERRE, *après avoir vérifié,*

C'est pourtant bien ça : il y aurait bien par ci par là quelques petites chicanes à faire : mais enfin c'est ça. Et je vous répète : c'est à en perdre la tête : comment se fait-il que ni Jean ni moi ne soyons ruinés ?

M. GUILLAUME.

Oh ! c'est une chose bien simple : d'abord Jean et vous quoiqu'avec un mauvais système, vous êtes de rudes travailleurs : et il faut remarquer que j'ai porté en dépense toutes vos journées qui, tant bien que mal, vous nourrissent et vous portent au bout de l'année. Ensuite voyez-vous, les cultivateurs ont presque tous deux poches : l'une est percée, c'est celle où ils mettent le produit de leurs champs : l'autre ne l'est pas : c'est celle où les gens industrieux et actifs mettent les uns le produit de leurs vignes, comme par ici ; les autres le produit de leur bétail, comme au Bourg ; tous le produit de différents commerces. Alors une poche compense l'autre : comprenez-vous ?

PIERRE.

Compris, père Guillaume.

JEAN.

Moi : je ne comprends rien du tout : et ça me fatigue déjà de chercher à comprendre. J'ai vos chiffres qui dansent dans ma tête, et m'embrouillent à fond.

M. GUILLAUME.

Comment : mon pauvre Jean, tu ne comprends pas que ce que tu perds sur tes champs, tu le regagnes sur tes vignes, qui te produisent bien davantage, comme ceux du Bourg le regagnent sur leur bétail ?

PIERRE.

Je me demande à présent comment il se fait que depuis tant de siècles, il n'y ait eu encore personne qui ait imaginé de faire ces calculs, et comment on continue depuis si longtemps un mauvais système. Savez-vous, père Guillaume, que vous êtes tout de même un malin d'y avoir songé le premier.

M. GUILLAUME, *riant.*

Oh ! mes pauvres amis : pas si malin que vous croyez. Seulement j'ai voyagé et vu de meilleurs systèmes : j'ai lu dans des livres des calculs de ce genre, que j'ai refaits pour notre pays : il n'y a point de malice là. Vous verrez vous mêmes qu'il est bien aisé de les faire, quand vous vous mettrez, comme je l'espère, à passer ainsi en revue tout ce qui peut vous donner profit ou perte. — Quant à expliquer pourquoi on a si longtemps cultivé ainsi : c'est encore bien simple. Autrefois, sans routes,

sans communications, avec des droits énormes à chaque
frontière d'état et même de province, les denrées ne sortaient
guères du pays où on les produisait. Chaque pays devait
donc se fournir chez lui, et sur son sol, de tout ce qui lui
était nécessaire : et quand le blé venait à manquer dans
un pays, c'était la disette et la misère. Aujourd'hui tout
cela est changé : les bateaux à vapeur, les chemins de fer
amènent de partout et partout tout ce qui peut manquer
dans un pays : ainsi il y a des cultivateurs au fond de la
Russie, à mille lieues d'ici, qui envoient leur blé en
France : et comme dans ces endroits, qui sont très fertiles
et où la main d'œuvre est à très bas prix, le blé ne revient
guères que, à 20 ou 24 sous le bichet (1), il en résulte que
rendu en France, il ne coûte pas plus que le nôtre. —
Ainsi les anciens, dont on parle si souvent hors de propos,
faisaient bien ce qu'ils devaient faire en ce temps là : et
pour les imiter, il nous faut donc, nous qui vivons dans
d'autres temps, nous y prendre autrement.

JEAN.

Enfin, vous trouvez au moins que les vignes rendent
bien et sont bien travaillées chez nous ?

M. GUILLAUME.

Les vignes rendent par ici et dans toute cette vallée bien
au-dessus des champs : quant au travail, il est passable,
mais il est loin encore de ce qu'il pourrait être. Ainsi sans
entrer plus avant pour aujourd'hui dans ce chapitre, il est
certain que vous avez presque tous plus de vignes que
vous n'en pouvez travailler, et surtout fumer. Vous,
Pierre, n'avez-vous pas au moins 20 fosserées de vignes ?

PIERRE.

Mais : à peu près.

M. GUILLAUME.

Et bien je gage qu'avec 12 ou 15 seulement, vous
auriez tout autant de vin.

(1) 6 on 7 francs l'hectolitre.

PIERRE.

Ça pourrait bien être vrai : car avec mes 20 je récolte tout autant que le gros Thomas qui en a près de 30.

M. GUILLAUME.

Vous voyez bien : maintenant si nous sortons de cette vallée pour voir les vignes de Moùtiers à Bozel, et de Moùtiers à Bellentre, nous trouvons alors *au moins la moitié* des vignes qui, pour être mal travaillées et mal fumées, parce qu'on en a trop, ne donnent qu'un faible produit. J'excepte Aime où il n'y a pas trop de mal. — Il faudrait donc les diminuer, en mettre une portion en fourrage, qui donnerait des produits meilleurs et plus sûrs, et servirait à fumer le reste. Sans compter encore les endroits où la vigne gèle de deux années l'une et mûrit de même.

PIERRE.

Attendez donc, je rattrape une idée qui m'avait passé de la tête, et qui gâte bien un peu votre système de tout à l'heure, votre *assolement*, comme vous dites. — Avec la propriété aussi divisée qu'elle est chez nous, comment diable voulez-vous qu'on aille mettre des trèfles, des pommes de terre au milieu des champs, passer sur les moissons, avoir des difficultés à n'en plus finir ?

M. GUILLAUME.

Ce que vous dites là, Pierre, est en effet une difficulté, mais pas si grande que vous croyez. D'abord, chacun a bien toujours quelques pièces aboutissant à une route ou à un sentier, où il peut pénétrer librement et travailler à son aise : commencez donc par celles-là, et ne retardez pas l'amélioration sur ces pièces, sous prétexte que vous en avez d'autres où cela ferait difficulté : ce sera toujours tant de gagné. Cela fait, et si tout le monde le fait, ne voyez-vous pas que votre embarras n'en est plus un ou tout au moins qu'il diminue considérablement ? Tout le monde, ayant un assolement, il ne reste plus qu'à s'arranger avec ses voisins pour régler un assolement à peu près uniforme. Puis, chacun ayant ainsi compris qu'avec un bon système de culture, il n'y a pas ou presque pas de mauvaises terres, on ne tiendra plus autant à telle ou telle pièce ; les échanges deviendront faciles et tout s'arrangera insensiblement.

PIERRE.

Allons bien : vous arrangez tout comme vous voulez, vous : mais autre chose, dans votre assolement vous parlez du trèfle : et il est bien certain que nous avons beaucoup de terrains trop légers, trop secs pour le trèfle.

M. GUILLAUME.

Je vous répéterai d'abord que trop souvent, vous semez votre trèfle dans les pires conditions possibles, sur un champ mal fumé ou infesté de mauvaises herbes. Maintenant, Dieu merci, le trèfle n'est pas la seule ressource des assolements. Il y a, outre le trèfle ordinaire, le trèfle incarnat, autrement dit *farouche*, et le trèfle blanc qui l'un et l'autre viennent dans des terrains où l'autre réussirait mal. Il y a les vesces ou *pesettes* : il y a bien d'autres herbes encore. — Du reste, voici une recette qui ne peut manquer : allez dans vos prés quand ils poussent, lors de la floraison, après les fauchaisons : remarquez quelles sont les plantes qui repoussent le plus vite et plus drues ou plus hautes, qui fournissent un fourrage meilleur ou plus abondant ; récoltez-en les graines, semez-les à part. Voilà un pré artificiel qui réussira à coup sûr, puisque c'est le terrain lui-même qui vous aura indiqué et fourni la plante qu'il préfère.

PIERRE.

Tiens ; c'est pourtant vrai ça : c'est peut-être comme ça qu'on aura fait les prairies de luzerne, d'herbe rouge, trèfle et autres ?

M. Guillaume.

Mais sans doute.—· Et bien, la luzerne et le sainfoin ou herbe rouge, dont vous venez de parler, fournissent aussi un abondant et excellent fourrage, et ils peuvent entrer dans un assolement plus long que celui de tout à l'heure. Car, il en est du choix de l'assolement comme du choix de la culture sarclée, du choix de la prairie artificielle : tout dépend du terrain, du climat, des besoins du cultivateur ou du commerce de la localité. Il faut étudier, expérimenter, tout doucement sur un petit carré d'abord, puis sur de plus grands : et un cultivateur sensé finit toujours par reconnaître ce qui convient le mieux à lui et à son terrain.

Pierre.

Autre chose : chez nous, quand on fait un trèfle, on le laisse deux ans sans compter celui de la semaille. Puisque le trèfle donne un si beau revenu, pourquoi ne le laissez-vous qu'un an ?

M. Guillaume.

A la rigueur, et sur un sol qui lui conviendrait parfaitement, on pourrait laisser le trèfle deux ans. Mais il est bien rare qu'à la 2me année il ne dépérisse pas un peu, ne laisse envahir le sol par les mauvaises herbes, et par conséquent ne perde pas une grande partie de ses avantages. D'ailleurs il épuise le sol doublement de cette manière, parce qu'il y dure plus longtemps et parce qu'il y dépérit. Il ne faut pas s'y tromper, le trèfle, comme beaucoup de plantes, ne peut pas revenir trop souvent sur la même terre. Il y a des pays où, pour en avoir abusé, on ne parvient plus à le faire réussir. Mais tenez pour certain que c'est toujours une faute, souvent très grave, de laisser en terre, arbres ou plantes quand ils dépérissent, sous prétexte d'en profiter jusques au dernier moment : ainsi je vois souvent, avec grand regret, de vieilles luzernières que l'on conserve jusqu'à la dernière touffe, quoiqu'elles ne vaillent plus le coup de faux.

PIERRE.

Je ne dis pas non à tout cela : mais tout de même j'en voudrais bien savoir la raison : pourquoi les mêmes récoltes fatiguent-elles la terre? pourquoi le font-elles surtout qnand elles sont vieilles ? pourquoi le blé par exemple vient-il si beau après le trèfle?

M. GUILLAUME.

Je suis très-content, Pierre, de vous entendre me poser ces questions ; cela prouve que vous ne voulez pas marcher en aveugle et tout faire à la routine. Ce que vous me demandez est de la science : je ne sais trop si je me ferai comprendre : mais, comme là est tout le principe des assolements, je vais essayer. Vous savez que les plantes se nourrissent en grande partie dans la terre : deux plantes différentes doivent y puiser une nourriture différente.

PIERRE.

C'est évident.

M. GUILLAUME.

De même que les hommes et les animaux ne peuvent pas se nourrir dés mêmes aliments, et que dans les animaux, les uns vivent d'herbes, de fruits, les autres de chairs, et le tout avec une infinie variété. La terre est un grand magasin, où chaque plante prend la nourriture particulière qui lui convient : si donc on sème toujours du blé, par exemple, sur la même terre, il est clair que le magasin du blé finira par se vider petit à petit : si au contraire, le blé ne revient que tous les trois ans, dans l'intervalle la terre se repose, et l'approvisionnement destiné au blé a le temps de se refaire et de se remplir. C'est comme la vache qu'on a trait, et dont il faut attendre que les mamelles se soient remplies pour la traire de nouveau.

JEAN.

Mais je comprends bien ça, moi.

M. Guillaume.

Beaucoup de plantes, comme le trèfle, le sainfoin ou herbe rouge, la luzerne, vivent par l'air autant que par la terre, ce qui diminue d'autant la dépense de la terre. Puis leurs racines plus longues vont chercher leur nourriture à une profondeur où le blé ne va pas, ce qui fait encore que le blé, venant après, touve sa portion augmentée par les économies des autres. Bien plus, cette nourriture qu'elles vont chercher si bas, elles en laissent une portion sur la surface du sol, où demeure et se pourrit une partie de leurs tiges et de leurs feuilles : aussi quand un trèfle, une luzerne dépérissent, ils prennent sans rendre et laissent épuiser la terre par d'autres mauvaises herbes.

Enfin les savants disent que les plantes ont leurs excréments, comme les hommes, comme les bêtes, et les laissent dans la terre par le moyen de leurs racines, qui servent ainsi à double fin. Ces excréments répugnent aux plantes de la même espèce, et sont au contraire une nourriture pour d'autres. Avez-vous jamais remarqué qu'un jeune arbre, planté dars le même trou où a péri un ancien, ne prospère pas ?

Jean.

Tiens : c'est vrai ça : alors comme qui dirait que le jeune trouve les excréments de l'ancien et que ça le dégoûte ?

M. Guillaume.

Tout juste : avez-vous jamais observé aussi que, les bois, quand ils sont vieux et ruinés, sont remplacés par d'autres d'une autre espèce ?

Pierre.

Mais oui : j'ai bien entendu dire que le bois de Coutarossa, qui est aujourd'hui en fayards (hêtres), était autrefois un bois de chênes.

M. Guillaume.

Et bien · avez-vous entendu dire que quelqu'un se soit occupé de semer ces fayards ?

Pierre.

Mais non : comment voulez-vous ?

M. Guillaume.

C'est donc la mère nature elle-même qui y a pourvu, et nous démontre ainsi la grande loi des assolements : car ce fait, qui a eu lieu ici au bois de Couta-rossa, ce fait s'est répété et se répète partout en Enrope, en Amérique : partout où une essence disparait, elle est remplacée par une autre. Et les hommes ne voient pas cela : ils préfèrent agir contre nature et violenter la terre ! ! Et on crie puis contre la misère du cultivateur ! ça fait pitié.

Jean.

Père Guillaume, ne continuez pas ainsi ; vous allez me me faire pleurer.

M. Guillaume.

Si c'était de repentir, il n'y aurait pas à le regretter.— Mais attendez : maintenant que je vous ai expliqué le pourquoi et le comment des assolements, il faut que je vous cite encore d'autres mérites de ce système, et qui ne sont pas entrés dans mes calculs. Je ne parle pas de l'économie de travail que vous donneront les prés artificiels sur les champs; de l'économie que vous pouvez faire sur les bœufs ou les mulets, ayant moins à travailler ; je ne m'arrêterai pas non plus sur l'avantage considérable qu'ont les trèfles, les luzernes sur les champs, en ce que ils n'exigent pas comme ceux-ci le transport (*tramage*) de la terre : mais voici un point bien autrement important.

Nous avons dit qu'un journal de terre soumis à l'assoement produit un bénéfice annuel de 64 fr, 40 cent,, eþ par conséqueut, pour toi, Jean, qui as cinq journaux, un bénéfice de 322 fr. Mais il faut remarquer qu'une bonne portion de ce produit est en fourrage, en fourrage de qualité supérieure et abondant, plus que suffisant à hiverner une bête *en plus* de celles que tu as. Or, il est bien différent que ce produit soit en fourrage ou en blé.

JEAN.

Voilà mais que je n'y comprends plus rien : 20 fr. de fourrage ou 20 fr. de blé, ne sera-ce pas la même chose?

M. GUILLAUME.

Il s'en faut de beaucoup. Ton blé; tu le vends; il sor.^{t} de la terre et n'y laisse rien. Le fourrage, tu ne le vend^s pas; tu le fais consommer par tes bêtes, qui, en beurre, lait, fromages, t'en rendent la valeur bien augmentée. E^t puis l'essentiel, c'est le fumier qu'il te laisse : le fumie^r que tu auras *en plus* de la quantité habituelle, le fumie^r que tu porteras alors sur tes prés, qui leur fera produir^e le double, qui, au bout de deux ou trois ans, te permettra d'augmenter encore ton écurie, de faire encore plus de fumier, de fumer encore mieux, ainsi de suite. Vois-tu, mon brave Jean, vois-tu alors grossir la boule de neige?

PIERRE.

C'est pas pour dire : je me croyais intelligent; vous m'en dites tant que je me sens tout bête.

JEAN.

Moi, je m'en vais de ce pas mettre tout sens dessus dessous chez nous, pour devenir bientôt riche.

M. GUILLAUME.

Triste moyen, mon ami : le monde ne s'est pas fait en un jour, la civilisation ni le progrès non plus. En agriculture surtout, il faut marcher à pas comptés, et tu sais le proverbe : *Chi va piano va sano*, pour aller longtemps il faut aller doucement.

PIERRE.

Il n'y a plus qu'une chose qui m'embête dans votre affaire : c'est le fumier. Vous voulez qu'on le sorte de l'écurie : mettons que ça fasse l'affaire des vaches, mais ça ne fait pas celle du fumier qui, dehors s'échauffe et sèche plus vite.

M. GUILLAUME.

Oui, quand on le laisse sans abri contre le soleil qui le dessèche et en fait évaporer le meilleur, contre la pluie qui le lave et s'écoule, après lui avoir enlevé ce qu'elle a pu : quand on le place là tout bêtement sur un terrain en pente, où le jus du fumier, le *purin*, entendez-vous, le *purin*, ce qu'il y de plus *pur* s'infiltre et se perd dans la terre, dans les *murgers* ou sur les routes : heureux encore quand il ne va plus bas empoisonner les abreuvoirs.

PIERRE.

Comment faire alors ?

M. GUILLAUME.

Tenez, ce gros benêt de Thomas, dont vous riez tant, vous est déjà très-supérieur sous le rapport des fumiers. Il a eu une prime pour cet objet, un peu comme dans le royaume des aveugles les borgnes sont rois : mais enfin il l'a méritée parce qu'il faisait mieux que les autres, mieux qu'on ne fait dans cette vallée, dans celle du Bourg et dans celle d'Aime.

PIERRE.

Oh là ! je vous vois venir, je le vine : c'est parce qu'il se sert de l'eau de son fumier, du *purin*, comme vous dites, pour arroser son verger. La belle malice ! le verger est là tout en-dessous de son fumier : il n'a eu qu'à arranger une rigole, et puis ça se fait déjà bien dans nos montagnes, ça.

M. Guillaume.

La belle malice, dites-vous : et bien oui, la malice n'est pas grande ; mais encore faut-il l'avoir, et ça fait un bel éloge pour ceux qui ne l'ont pas !

Pierre,

Mais tout le monde n'a pas, comme Thomas, cette facilité.

M. Guillaume.

C'est comme si vous laissiez perdre un écu faute d'une bourse pour le mettre. Et vous en perdez des écus en perdant votre purin, faute de cette bourse : faute, pour les uns, de creuser une rigole un peu plus longue que celle de Thomas ; faute, pour tous, de creuser au pied du fumier une petite fosse cimentée avec de la terre grasse (argile) bien battue ou du ciment quelconque ; une fosse où l'on va ensuite puiser, pour en porter dans un mauvais tonneau le contenu au pré ou au champ le plus voisin.

Pierre.

Mais, tout ça n'empêchera pas votre fumier de sécher dehors et de se consommer trop vite : et quant à le mettre sous un toit, serviteur, alors il ne se consomme plus du tout. J'ai vu à Macôt un de mes cousins qui a essayé ça pendant 2 ou 3 ans : et puis il a défait son toit plus vite qu'il ne l'avait fait ; ça n'allait pas.

M. Guillaume.

Voilà bien toujours comme on fait les expériences ; à moitié. Tout-à-l'heure c'était Jean avec son trèfle, semé après du blé, sur un terrain tout sale de mauvaises herbes et qui ne réussit pas, je le crois bien :— à présent, c'est votre cousin de Macôt avec son fumier couvert, et auquel sans doute il n'a pas donné d'autres soins que de le couvrir. Avait-il fait quelque chose pour empêcher le purin de s'écouler, et de laisser là le fumier, comme une soupe qui a perdu son bouillon ?

Pierre.

Ma foi, je ne crois pas.

M. GUILLAUME.

Avait-il soin dans les fortes sécheresses de l'arroser de temps à autre, ne fût-ce qu'avec de l'eau pure, pour l'humecter et le rafraichir ?

PIERRE.

Il ne m'a pas parlé de ça.

M. GUILLAUME.

Il avait donc pris son affaire à rebours ; car, couvrir le fumier et lui donner des soins en même temps est une bonne chose ; le couvrir, et, sans autre, le planter là, en est une mauvaise.

PIERRE.

Ah ben ! tout de même, d'aller tant se gêner et dépenser pour avoir du fumier un peu plus, un peu moins bon, ce n'est pas encore là mon plan.

M. GUILLAUME.

Il ne faut pas dire ; un peu plus, un peu moins bon ; vous n'êtes pas sans avoir vu dans les champs de ces tas de fumier qui, lorsque le vent donne, veut se promener ailleurs. C'est au contraire une grosse affaire que d'avoir du bon fumier ; et ça n'est ni difficile ni bien coûteux.

Vous cherchez quelque part, au nord, si c'est possible, un emplacement de quelques mètres, et vous le creusez de quelques pouces : Vous mettez autour et au fond un lit de terre glaise bien battue, afin d'empêcher le purin de pénétrer en terre et de s'échapper.

Un petit mur de terre, tout autour aussi, empêchera les eaux extérieures d'y pénétrer et d'en venir laver le fond.

Donnez à ce creux une pente telle que le purin vienne s'écouler naturellement, par de petites rigoles, dans un mauvais tonneau ou dans une autre petite fosse au pied du creux, fosse que vous cimenterez avec plus de soins encore.

Etendez votre fumier le plus régulièrement possible sur toute la surface du tas, de manière qu'il n'y ait pas de vides où pénètre la moisissure ; s'il renferme beaucoup de litière, tassez-le même pour le comprimer.

En été, dans les chaleurs, puisez le purin dans la petite fosse, et reversez-le dessus le tas, avec vos eaux de ménage, de lessive, même de l'eau pure; et renouvellez cet arrosage de temps à autre. La lessive ainsi coulée vous donnera de bons profits. Si vous avez à proximité un pré, un jardin, un champ de pommes de terre ou de betteraves, arrosez-les avec ce purin, mêlé à 4 ou 5 fois son volume d'eau, et vous m'en direz des nouvelles.

Si votre fumier est bien paré du soleil, il n'est plus aussi nécessaire de le couvrir d'un toit; mais recouvrez-le toujours d'un lit de terre, de débris, de branches au besoin, comme cela se pratique déjà un peu, de manière à ce qu'il traverse l'été sans s'évaporer et perdre la bonne moitié de sa qualité.

PIERRE.

Oh ! Père Guillaume, la bonne moitié; vous en dites trop.

M. GUILLAUME.

Eh bien ! essayez de fumer une ligne de champ exclusivement avec la première couche d'un fumier abandonné à lui-même, et une autre ligne avec la couche inférieure qui est plus humide et plus conservée. — Vous ne vous rendez pas compte de ces différences, parce que vous portez au champ des tas mélangés du fumier de dessus et de celui de dessous; mais séparez-les et vous verrez. Au reste, on voit déjà assez souvent dans les moissons des parties vigoureuses et magnifiques à côté de parties quasi nues ; et bien, cela tient surtout à l'inégalité des couches de fumier qui sont tombées d'un côté ou de l'autre. — En vous y prenant comme je dis, vous aurez au contraire du fumier à peu près également bon dessus et dessous. — Et quelle grande difficulté y a-t-il à le faire ? deux ou trois journées et 3 ou 4 francs de ciment. En vérité, c'est bien la peine d'y regarder.

JEAN.

Mais, père Guillaume, et tout le long de l'année, il en faut du temps pour soigner le fumier ainsi.

M. Guillaume.

L'ami Jean, tu trouves bien le temps pour aller suer sur tes champs et y perdre chaque année 3 francs 40 cent. par bichet ; pourquoi ne le trouverais-tu pas à regagner cela sur ton fumier. Si on vous parlait de laisser votre vin dans une mauvaise gerle toute l'année, dans une gerle ouverte à la pluie et au soleil ; vous pousseriez de beaux cris : c'est que vous savez bien que le vin ne pourrait plus se boire. Quant au fumier, qui est le vin et le pain de la terre, on n'en tient compte, parce que si la terre le trouve mauvais, elle ne se plaint pas et souffre en silence ! — Pauvre terre, si elle pouvait parler !

C'est comme lorsque, après la moisson, dans les fortes chaleurs, vous portez dans les champs votre fumier, qui reste par petits tas pendant 2, 3, 4 semaines ; le soleil l'échauffe à fond ; s'il vient la pluie, elle le lave et hâte encore la fermentation. Tant il y a que, quand vous l'étendez sur le labour, c'est de la paille ou des feuilles sèches que vous donnez à la terre ; quant au fumier, bonjour : l'air, le soleil et la pluie s'en sont chargés, et aussi les places où le fumier a reposé. — Pauvre terre, dis-je encore.

Pierre.

Alors il faut couvrir de terre ces petits tas.

M. Guillaume.

Voilà, qui est déjà très-bon ; mais, il faudrait ne porter le fumier qu'au moment du labour, et si l'on est forcé de faire autrement, il faut n'en faire qu'un seul tas et le recouvrir comme vous dites, pour diminuer le mal.

Pierre.

Va pour le fumier, va pour le soigner comme vous dites ; mais ça m'étonne tout de même de vous entendre parler ainsi. Je m'étais laissé dire que les savants avaient trouvé moyen de se passer de fumier, et je me méfiais que les hommes du Comice, qui sont de gros savants, nous enseigneraient ce moyen là.

M. Guillaume.

Pierre, mon ami, vous voulez faire de la malice : mais vous devez voir qu'elle tombe à faux.

Pierre.

Pas tout-à-fait : car d'abord j'ai entendu parler d'un engrais en bouteille qui doit faire miracle; et puis, c'est en voyant que le Comice donnait des primes aux affaires de jardinage. Comme si la vigne et les champs ne mangeaient déjà pas assez de fumier, sans aller encore encourager ces grands goulus de jardins! les jardins, voilà une belle spéculation pour nous autres paysans !

M. Guillaume.

Quant à votre engrais en bouteille, ce n'est pas moi qui le conseillerais, parce que, s'il y en a de bons, il y en a aussi qui ne valent pas ce qu'ils coûtent. Il faut laisser ces engrais là aux cultivateurs des pays plus arriérés que le nôtre, où, faute de prés et de fourrage pour faire du fumier, ils sont bien obligés d'acheter ce qu'ils trouvent ; comme aussi il y a des pays, près des grandes villes, où l'agriculture, étant au contraire très-perfectionnée, produit beaucoup, exige par conséquent beaucoup d'engrais, et plus que le bétail n'en peut fournir. Pour nous qui, Dieu merci, ne sommes pas des derniers, mais bien loin encore des premiers, tenons-nous-en à notre bon et vieux fumier ordinaire.

Pierre.

A propos de vieux fumier, êtes-vous pour ceux qui veulent employer le fumier frais ou avec ceux qni ne l'emploient que quand il est bien consommé et en *beurre noir* ?

M. Guillaume.

Cela dépend : il y a des cultures qui exigent du fumier consommé ; presque toutes profitent mieux et plus vite de l'emploi de ce fumier. Mais il ne faut pas s'y tromper : il faut trois charges de fumier frais pour en frire une de fumier consommé. et et une charge de celui-ci ne donne pas trois fois le profit d'une charge de l'autre ; de façon qu'il y a presque toujours perte à attendre que le fumier soit réduit pour l'employer.

PIERRE.

C'est ce qu'il me semblait déjà : eh bien, pour en revenir, voilà donc que les jardins en sont diablement gourmands de ce fumier consommé ! Et du travail, qu'il en aut !

M. GUILLAUME.

Mais, mon brave, vous me parlez de la quantité de fumier et de travail qu'exigent les jardins, quand vous ne leur donnez ni l'un ni l'autre ; comment voulez-vous alors juger si leur produit ne vaut pas bien cette dépense ! Que voit-on aujourd'hui dans nos jardins de campagnes? Pour la plupart, un jardin est un mauvais coin rebuté devant la maison, où poussent et repoussent de misérables pruniers, où l'on jette les décombres et les ordures, où à travers de magnifiques orties, poussent, comme ils peuvent, quelques maigres haricots, oignons ou poireaux. Ça soulève le cœur !

Ne demandez pas à la terre ce que vous ne lui avez pas donné, pas plus que vous ne pouvez demander du lait à la vache que vous ne nourrissez pas. Mais donnez-lui ce fumier et ce travail dont nous parlions, et alors la terre vous le rendra toujours avec usure.

Il est prouvé, et vous le savez bien, qu'un bichet de jardin bien tenu rapporte trois fois le produit du meilleur champ.

JEAN.

Oh là, là ! père Guillaume, vous en dites mais trop.

M. GUILLAUME,

Si je vous disais qu'il y a tel bichet de jardin qui rapporte plus de cent francs ! Mais c'est qu'il n'y a rien qui donne, pour toute espèce de culture, un modèle aussi complet qu'un jardin bien tenu. Voulez-vous parler de l'engrais? il va sans dire qu'on ne l'y épargne pas. Du labour? il se fait à la pelle, bien plus profond, bien plus soigné que les meilleurs qui se fassent à la charrue. Du sarclage, arrosage et autres petits travaux? mais allez seulement voir le jardin de votre curé, quoiqu'il ne laisse encore pas mal à désirer. De l'assolement? mais ce sont les jardiniers qui en ont posé les premières règles et les suivent le mieux; jamais ils ne fatigueraient deux fois de suite la terre de la même récolte. Mais aussi quelles récoltes! deux au moins, souvent trois dans l'année! Et quelles provisions pour la famille, pour les soupes, les apprêts, les salades, etc., etc. Un petit coin pour quelques plantes où la mère trouve un excellent remède dans les petites maladies ou pour les cas urgents. Je ne parle pas des fleurs, quoique cela ait son mérite, et que, en Suisse, il n'y ait pas un paysan, si petit que soit son bien, qui n'ait devant chez lui son petit jardin bien clos, bien propre, avec ses bordures de fleurs ; nous n'en sommes pas encore là. Et tous les débris, qui, pour peu que le jardin produise, suffisent quelquefois à entretenir un cochon. Et enfin les abords de vos habitations qui, au lieu d'être sales, rebutants et dangereux pour la santé, deviendraient propres, flatteurs à l'œil et à l'esprit. Car, soyez-en sûrs, quand vous voyez une maison bien rangée au-dedans et au-dehors, vous pouvez dire : il y a là un homme d'ordre et de bon sens, qui ne laissera pas tomber les grains de ses épis avant de les avoir mis en grange; il y a là une ménagère qui sait employer son temps, et dont les filles auront leur dot déjà toute faite par leur éducation, de ces dots qui ne se perdent jamais. Le Comice donnera donc des primes pour des jardins de campagne; et, foi de Guillaume, il fera bien.

JEAN.

Ma foi, vous en direz tant : sans compter que ma femme sera bien de votre avis; elle qui est si souvent en peine pour faire la soupe.

PIERRE.

Moi, voyez-vous je ne dis pas non; mais vrai, il y aurait tant de choses à faire pour bien faire; et puis c'est pour commencer. Tenez, j'ai bien un mauvais carré tout près de chez moi dont je pourrais faire, en le défrichant, uu joli petit jardin ; mais moi, qui ai tant crié contre les autres, j'ai peur qu'on se moque de moi.

M. Guillaume.

Oui, vous avez peur des imbéciles : malheureusement ce sont ceux qui crient toujours le plus fort.

Pierre.

Oh ! si c'est pour parler fort, je n'ai peur de personne : après tout, rira bien qui rira le dernier ; et dans tout ce que vous nous avez dit, c'est sûr qu'il y a du bon, comme il y a des choses qui méritent réflexion.

M. Guillaume.

Bien dit, Pierre : quant à moi, je ne mériterais pas l'honneur que vous me faites de m'écouter, si j'étais arrivé à 60 ans, sans savoir que les plus vieux et les plus malins ont toujours à apprendre, et que tout le monde peut se tromper.

Pierre.

Tenez, par exemple, je m'étonne que vous ne nous ayiez rien dit de nos instruments de culture, de nos charrues, par exemple. Hum ! il doit pourtant y avoir à refaire là-dessus.

M. Guillaume.

Oh ! oh ! vous prenez les devants cette fois. Et bien oui : nos instruments, nos charrues surtout sont très-imparfaites. Que doit faire une bonne charrue ? prendre une bande de terre, la retourner, la renverser complètement, pour que le dessous vienne à son tour profiter de l'air, du soleil et de la pluie, pour que aussi les mauvaises herbes se trouvent les racines en l'air et se sèchent là. Que font nos charrues ? elles se bornent à fendre la terre qui retombe à côté ou derrière, comme elle peut et comme elle veut, et les herbes sont simplement transplantées quelques pouces plus loin où elles reprennent à leur aise.

Pierre.

Pourtant, dans nos terrains en pente, il ne conviendrait pas de prendre une charrue, comme j'en ai vu du côté de Chambéry, une grosse charrue trainée par quatre bœufs.

M. Guillaume.

Non, sans doute; mais il y a des modèles de charrues par milliers, de fort légères et de fort lourdes; et si le choix est difficile, il ne faut pas pour cela l'abandonner. C'est un point délicat que ce choix, et il faut espérer que, lorsque le Comice sera mieux assis qu'il n'est encore, (n'ayant pas deux ans d'existence), il pourra sacrifier une somme à faire venir quelques modèles de charrues que l'on expérimentera avec soin. Pour le moment, il va doucement de peur de se tromper; et je fais comme lui, d'autant plus qu'il me faudrait trop de temps pour des explications là-dessus, n'ayant pas les charrues sous les yeux.

Pierre.

Allons, c'est partie remise; mais quel diable d'instrument avez-vous nommé tout-à-l'heure, à propos de la culture des pommes de terre : la... la... une affaire à cheval, enfin.

M. Guillaume.

La *houe à cheval*, vous voulez dire?

Pierre.

C'est ça, la houe à cheval.

M. Guillaume.

Et bien la houe à cheval est un instrument assez simple, qui fonctionne à peu près comme la charrue, mais beaucoup plus légèrement, avec un soc plus plat et plusieurs couteaux, que l'on écarte ou rapproche, suivant la distance des lignes; son but est seulement de détruire les mauvaises herbes et de remplacer le binage ou le sarclage à la main. Une houe à cheval sarclera facilement dans une journée 3 à 4 journaux; il suffit d'un homme pour la conduire et d'une ou deux femmes pour ramasser les herbes que l'instrument a soulevées et arrachées. Jugez donc quelle économie de travail cet instrument procure dans toutes les cultures sarclées, telles que les pommes de terre et les betteraves. L'instrument coûte 50 francs environ ; nous disions tout-à-l'heure que l'opération du sarclage des pommes de terre coûtait environ 28 francs par journal ; avec la houe, cela se réduira à 10 francs au plus, et il suffira ainsi, de trois cultivateurs associés, pour payer l'instrument dans une seule année, avec cette économie de travail.

PIERRE.

Eh ! c'est encore une bonne affaire, ça. Maintenant, et les machines à battre ; les uns disent oui, les autres non ; et je sais des communes où on a essayé, il y a déjà plusieurs années, et où l'on n'est guères content.

M. GUILLAUME.

Tout simplement, parce qu'ils auront eu des instruments défectueux. C'est toujours la même chanson· d'expériences faites dans de mauvaises conditions : un cheval est une excellente chose, mais· s'il est vicieux, boîteux ou poussif, c'est une autre question. Le fait est que l'on fabrique aujourd'hui d'assez bonnes batteuses pour 5 à 600 francs ; on s'en est procuré cette année à Champagny et à St-Laurent-de-la-Côte, où elles paraissent fonctionner bien et à la satisfaction des associés.

Une bonne batteuse bat mieux, et surtout plus vite que le meilleur battage au fléau. Quant à être une économie, cela est bien vite prouvé.

JEAN.

Bon ! voilà mais encore un calcul.

M. GUILLAUME.

Sois tranquille ; quand je pose mes chiffres ce n'est pas chez toi que je vais les prendre. Une batteuse, achetée en commun par dix cultivateurs au prix de 5 à 600 francs, leur coûtera ainsi à chacun 50 à 60 francs. Avec six personnes, la machine battra, en 5 jours, ce que ces mêmes 6 personnes battraient à peine en 30 jours au fléau. Cela fait 25 journées chacun d'économie, soit à 1 fr. seulement par journée—25 francs. Ajoutez à cela que la batteuse donne plus de grains, ou égrène beaucoup mieux : que les associés économiseront sur les rats deux ou trois bichets de blé chacun. Ainsi donc, dès la 1re année, chaque associé a regagné plus de la moitié de sa dépense ; au bout de la 2me et dès lors, il est en bénéfice, sauf les réparations toujours moins coûteuses avec un instrument bien construit.

JEAN.

Je vous dis qu'il aura toujours raison ; c'est impatientant.

M. GUILLAUME.

Et ça ne t'impatiente pas d'avoir toujours tort ?

Je ne vous parle pas de plusieurs autres instruments, dont la nécessité se fera sentir à mesure que notre agriculture se perfectionnera ; ils s'introduiront alors d'eux-mêmes dans le pays.

Ainsi le *semoir* qui, pris dans les petits modèles, comme il conviendrait chez nous, soit le *semoir à brouette*, coûterait environ 60 francs.

JEAN.

Et bien voilà encore une dépense bonne pour les *manchots;* un bon semeur, avec ses deux bras, vaudra toutes vos machines.

M. GUILLAUME.

Sans doute, s'il ne s'agissait que de semer : mais il y a la semence qui coûte aussi. Or, le semoir qui marche mécaniquement, régulièrement, déposant la semence où il faut, à la même profondeur, économise le *tiers* de cette semence. Sur vos grains semés à la volée, une partie tombe trop bas où elle pourrit sans germer, une autre partie reste trop superficielle et sèche aussi sans germer ; puis malgré tous les soins il y a double inégalité ; telle portion du champ est semée trop dru, telle autre trop clair : telle partie des grains germe de bonne heure, telle autre est forcée d'attendre plus tard que la pluie, la chaleur l'ait mise en état de germer à son tour : Et alors voilà des plantes à croissance différente, qui se gênent mutuellement dans leur développement et leur maturation.

JEAN.

Qu'est-ce que c'est puis qu'une économie d'un *tiers* de semence ? c'est peu de chose.

M. GUILLAUME.

Mais c'est qu'il y a aussi, comme je viens de vous l'expliquer, augmentation de récolte, puisque les épis doivent bien plus aisément se développer et venir tous à maturité égale. Et ne fut-ce que le tiers de la semence en économie; si vous semez 24 bichets de grains, c'est en moyenne à 2 fr. par bichet des différents grains, c'est 48 francs de semence, dont le tiers économisé est de 16 francs. Par conséquent, 4 cultivateurs associés paient le semoir dès la 1ʳᵉ année avec cette économie.

Maintenant, parlons des herses, un des instruments les plus utiles et les plus méconnus. Si je vous disais qu'il faut tout herser : le blé, le trèfle, la luzerne, et cela au printemps, quand l'herbe est déjà poussée; si je vous disais cela, vous en ririez.

PIERRE.

Pour sûr qu'on en rirait : aller herser le blé au printemps, ce serait pour déraciner tous les épis et nettoyer le champ à fond.

M. GUILLAUME.

Aussi je n'en parle pas encore, et je garde cette vérité là pour plus tard, quand vous serez un peu plus habitués à voir que l'agriculture est par-dessus tout une science de progrès. — Je me contenterai donc de vous recommander comme chose essentielle le hersage des prés naturels, surtout *au revers*, et partout où la mousse les envahit. Je pourrais citer des communes, plusieurs, celle de Villar-lurin entr'autres, où la mousse ôte la moitié de la récolte.

PIERRE.

Mais *au revers*, la mousse repousse toujours.

M. GUILLAUME.

Oui ! quand on la laisse faire. Mais quand on fait un

fort hersage, avec une herse à dents de fer solides et bien rapprochées, ou dans les pentes trop irrégulières avec un bon râteau en fer ; quand après cela on fume et on plâtre, voilà la mousse partie, voilà l'herbe revenue, et une récolte de deux quintaux, là où la faux ne trouvait pas à mordre.

PIERRE.

Et bien le plâtre : voilà encore une chose qui devait faire merveille sur la luzerne, une chose que j'ai essayée et qui n'a rien fait du tout.

M. GUILLAUME.

D'abord : en répandant le plâtre, vous n'aurez peut-être pas eu le soin de le faire en temps humide, comme il convient : Ensuite, il est vrai que, sur les terrains déjà très-calcaires, comme vous en avez quelques-uns par ici, le plâtre qui n'est qu'un composé de chaux, ne peut produire grand effet. Mais en revanche, il y en a beaucoup où réellement le plâtre fait merveille.

PIERRE.

Mais comment savoir là où il faut en mettre, là où les terres ne sont pas *calcaires,* comme vous dites.

M. GUILLAUME.

Que risquez-vous d'essayer quelques poignées de plâtre sur quelques mètres d'étendue de chacun de vos trèfles, luzernes, etc. ? Il n'y a rien de tel que l'expérience. Si vous tenez à connaître d'avance votre terrain, voici un moyen bien simple : prenez une poignée de terre du champ que vous voulez essayer : mettez-là dans un verre : versez dessus quelques cueillerées d'un fort vinaigre : si la terre se met à bouillir et à écumer fortement, c'est preuve qu'elle est très-calcaire et que le plâtre y produira peu ou point d'effet : si l'effervescence est moindre ou ne se manifeste pas, alors la terre est peu ou pas calcaire, portez-y du plâtre ou même de la chaux éteinte.

JEAN.

Au fait : ce n'est pas difficile.

M. GUILLAUME.

Mais ce que je vous recommande avant tout, c'est

l'*expérience* pour le plâtre, comme pour tout : non pas l'*expérience* qui agit avec prévention, à la légère, qui fait tout à moitié, et lâche prise au premier insuccès : — mais l'expérience sage , lente et défiante d'elle-même , qui s'instruit de tout avant de commencer, qui ne néglige rien de ce qui peut assurer le succès, qui ne bouleverse pas, mais procède par petits coins et petits carrés, en un mot, qui sait s'arrêter quand il faut, marcher quand il convient et ne se décourager jamais.

PIERRE.

Allons, allons, je vois que les messieurs du Comice, s'ils vous ressemblent, ne sont pas si loups qu'on les faisait, et qu'il y a du bon dans la chose.

M. GUILLAUME,

Alors, vous enrôlez-vous?

PIERRE.

Quand vous voudrez.

M. GUILLAUME.

Et toi, Jean, te retires-tu?

JEAN.

M'est avis que j'en ai bien appris pour mes 3 fr. ; et je reste, mais à une condition….

M. GUILLAUME.

Et laquelle?

JEAN.

C'est que, ayant la tête dure, il y a des choses qu'il vous faudra y revenir : et puis, il y en a bien d'autres qui n'ont pas été en question. Alors, c'est que, tous les dimanches, vous nous continuerez votre sermon, et…. j'y amènerai du monde.

PIERRE.

Tope là : j'y amènerai mes deux garçons, moi.

M. GUILLAUME.

Je le veux bien, pourvu que vous me promettiez de n'y pas dormir.

FIN.

TABLE

DES MATIERES.

Pages.

FIN DE LA TABLE.